ARS NATURALIS

KÄFER

Die Käferdarstellungen zeichneten
Claus Caspari und Karl Großmann
Die Typographie besorgte Thomas Steinkämper
Gesetzt aus der Berthold Novarese durch
Photosatz Typotext GmbH, Münster
Die Lithographie fertigte
MAD Offset-Reproduktions-GmbH, Münster
Druck und buchbinderische Verarbeitung:
Mohndruck, Gütersloh

ISBN: 3-927624-38-1

ARS NATURALIS

Käfer

Herausgegeben von Wolfgang Gewalt
Mit Texten von Friedrich Ostenrath

STEDTFELD

ZUM GELEIT

Sowenig das krabbelnde, summende, stechende Riesenheer der Insekten in seiner Gesamtheit Zuneigung zu erfahren pflegt – den Käfern scheint von je ein „Sympathie-Bonus" eigen, der mit ihrer über dreihunderttausendfältigen Farb- und Formenvielfalt allein nicht zu erklären ist. „Flotte Käfer", „Glückskäfer", Nachbildungen aus Schokolade, ja benzingetriebenem Blech spiegeln etwas von dieser Positiv-Rolle wider, die eine lange Tradition hat. Schon in den „Insecten-Belustigungen" RÖSEL v. ROSENHOFs des Jahres 1749 spielen Käfer eine Hauptrolle. Käfersammlungen bei Schuljungen waren noch zu meiner Zeit beinahe selbstverständlich. Wie etwa ein Moschusbock oder ein Puppenräuber aussah und wo man ihn fand, das wußte man einfach bzw. hatte es zu wissen; seine mit frischem Kastanienlaub versorgten Maikäfer verstand schon der Dreikäsehoch nach „Müllern", „Schustern" usw. zu sortieren.
Damit ist es heute vorbei, nicht weil es zuviel Käferfreunde, sondern weil es zuviel Landschaftszerstörung gab. Daß uns ARS NATURALIS noch einmal etwas von „alter Käfer-Herrlichkeit" erleben läßt, ist nostalgisches Vergnügen und moderner Naturschutz-Appell zugleich.
Wolfgang Gewalt

Man wird nicht lange suchen müssen, um schon in allernächster Nähe – ganz gleich, wo auch der augenblickliche Standort sein mag – auf einen Vertreter der so formenreichen wie in sich geschlossenen Kerbtierordnung zu stoßen. Ob im Bücherschrank als „Bücherwurm" (Ptilinus pectinicornis), im Brotkasten als Brotbohrer (Stegobium paniceum), im Hausgebälk als einen der höchst unterschiedlichen Holzwürmer, die so gar nichts mit den Würmern gemein haben, oder ganz schlicht als Marienkäfer (Coccinella spec.) auf dem Fensterbrett. Wer noch einen Garten sein eigen nennen kann, der weiß um die zirpenden Lilienhähnchen (Lilioceris lilii) oder die metallisch glänzenden Rosenkäfer (Cetonia spec.); aber auch der Mistbeetkäfer (Trogophloeus pusillus) und der gefürchtete Apfelblütenstecher (Anthonomus pomorum) seien nicht verschwiegen. Welchen Reichtum an Käfern Wälder und Fluren beheimaten, läßt sich nicht einmal im formengeübten Gehirn eines Fachmannes verstauen. Von den Maikäfern (Melolontha spec.) über die Laufkäfer (Carabidae) bis hin zu den Waldgärtnern (Blastophagus spec.), deren verhängnisvolle Leidenschaft, sich durch das weiche Gewebe junger Kieferntriebe zu fressen, zu windzerstörten, kronenzerknickten Waldverwüstungen geführt hat, spannt sich der formenreiche Reigen. Aber nicht nur auf der Oberfläche unserer Erde krabbeln die unvorstellbaren Heerscharen dieser mit rund 300.000 Arten bei weitem größten Gruppe der Kerfe. Auch vor lichtlosen Tiefen, vor dauerdunklen Höhlen haben ihre Vertreter nicht haltgemacht, selbst dann nicht, wenn sie darüber ihr Augenlicht verlieren sollten wie etwa der Anophthalmus spec. Die kühnsten ihrer Sippschaft tauchten unter in einem ihnen gänzlich fremden Element: denn geboren hat die wechselvolle Geschichte der Lebewesen ihre Käferkinder ganz sicher nicht im Wasser. Doch fanden sich die Schwimmkäfer (Dytiscidae), die Taumelkäfer (Gyrinidae) und die Wasserkäfer (Hydrophilidae) so erfolgreich darin zurecht, daß sie mit körperbaulichen und verhaltensmäßigen Anpassungsleistungen in ungeahnter Vielfalt aufwarten können. Doch alle sind sie Käfer geblieben...

Kaum eine Insektengruppe kann von jedermann so sicher angesprochen werden. Sämtlichen Vertretern sind die unverwechselbaren Eigenheiten im Bau der Flügel gemeinsam. Coleoptera oder Eleutherata nennen sie die Wissenschaftler und meinen damit die „Deckflügler", deren vorderes Flügelpaar sich als harte, schützende Hülle über das Paar der hinteren weichen, zum Fliegen ausgebildeten Flügel legt. Da die Oberfläche der gläsern-durchsichtigen Hinterflügel stets ein Vielfaches der starren Vorderflügel ausmachen muß, klappen alle Käfer ihre Flugflügel nach einem schwer zu durchschauenden Faltplan in vorgezeichneten Flügeladern und deren Knickgelenken zu fein säuberlich übereinandergelegten Wunderwerken zusammen. Während des Fluges strecken sie die sperrigen Flügeldecken entweder seitwärts vom Körper ab oder aber in leicht spitzem Winkel hinterleibwärts, was zum Brummen eines fliegenden Käfers mit beitragen mag. Allen fehlt die Leichtigkeit, die Eleganz und Schnelligkeit anderer Fluginsekten. Während manche Schmetterlinge (Schwärmer) es bis an 60 Stundenkilometer bringen, holt ein Maikäfer lediglich 8 Stunden

kilometer aus seinen Flügeln. Die Natur hat sie nicht mit ausgeklügelter Flugtechnik ausgestattet, nur brummig-summend ziehen sie ihre Bahn und machen keinen Hehl daraus, daß ihnen ihre Leistungen zu Fuß so unangefochten keiner streitig machen kann. Sind die Flugorgane auch recht einfach ausgefallen, so sind sie stolz auf den schier unvorstellbaren Einfallsreichtum, der sich an ihren

Kletter-, Haft-, Grab-, Ruder- oder Sprungbeinen offenbart. Diese abenteuerlichen Bildungen gehen zurück auf recht bescheidene, ursprüngliche Schreitbeine, die ihre ausgestorbenen Vettern sicher nicht weniger behende durch die Landschaften des ausgehenden Erdaltertums vor rund 250 Millionen Jahren getragen haben.

Überhaupt: Käfer sind nicht nur eine schon uralte, in ihren Merkmalen eng verschworene systematische Insektengruppe, sie entziehen sich der Wissenschaft zudem noch der genaueren verwandtschaftlichen Zuordnung zu ihren kriechenden, krabbelnden und fliegenden Nachbarn im Reich der Sechsbeiner. Solche Feststellungen allerdings dürften die Betroffenen selbst kaum in ihrem Gruppenselbstbewußtsein stören, denn eines ist sicher: diese Krabbeltiere dürfen mit Recht als der ganz offenkundig erfolgreichste Tiertypus angesehen werden, der jemals unsere Erde mit Leben erfüllt hat. Neben den zwar einfachen, aber gerade deshalb so wenig anfälligen Bauplan ihrer Flügel trat noch ein weiteres ursprüngliches, kaum je in ihrer langen Entwicklungsgeschichte abgewandeltes Bauprinzip hinzu, nämlich das ihrer beißend-kauenden Mundwerkzeuge. Solange Pflanzen wachsen, solange Tiere geboren werden und sterben, solange haben Käfer etwas zu kauen. Das war in äonengrauer Vorzeit nicht anders, als es in lichtvoller Zukunft sein wird. Schlürfen, Lecken, Saugen als Möglichkeiten der Nahrungsaufnahme bedingen in ihren Wandlungen einen steten Anpassungszwang in Gestalt von Saug-, Tupf- oder Stechrüsseln. Von noch ungleich verwickelteren Abartigkeiten ganz zu schweigen. Konservativ ist es gesinnt, unser Käfervolk, doch keinesfalls dem Neuen verschlossen. Aber nur das Bessere soll das Neue sein; das nicht Berechenbare, Ungewisse soll den leichtfüßigen Strebern vorbehalten sein. Dennoch verzichten sie nicht auf Außergewöhnliches: nur wenige Tiergruppen prunken mit geradezu käferlichen Luxusbildungen wie Riesenzangen, nashorngleichen Kopfaufsätzen, mondkraterähnlichen Gebirgen auf Flügeldecken und Brustschildern, sichelförmigen „Fühlhörnern" oder lang ausgezogenen Rüsselbildungen. Alles das leisten sie sich im Vertrauen darauf, daß in all den Sonderbildungen im Grunde immer wieder das Altbewährte vorhanden und leistungsfähig abgewandelt ist.

Außerordentlich viel halten sie von Brutfürsorge. Es beginnt mit bescheidenen Anfängen elterlicher oder mütterlicher Brutpflege, wie sie manche Schildkäfer (Cassinidae) betreiben. Wasserkäfer (u.a. Hydrophilidae) fertigen Schutzhüllen für ihre Eier an; viele Blattkäfer (Chrysomelidae) umhüllen ihre Eier mit kleinen

Kotteilchen, die nach dem Schlupf der Larven diesen als Nahrung dienen; ganze hölzerne Gangsysteme legen die rindenbrütenden Borkenkäfer (Scolytidae) für ihren Nachwuchs an; Rüsselkäfer (Curculionidae) betten ihre Eier in die zarten Gewebe von Blüten- und Blattknospen; eine andere Sippschaft der Rüsselkäfer rollt ganze Pflanzenblätter oder auch nur Teile derselben zu wunderlichen Tüten zusammen, in denen der Nachwuchs heranwachsen soll; und wer kennt sie nicht, die Gattung der Pillendreher (Scarabaeus), die noch aus den Abfällen der Dunghaufen nährstoffreiches Substrat und Wohnraum für ihre Nachkommenschaft schufen. Gerade um dieser Eigenschaften willen waren sie den Pharaonengeschlechtern nicht nur Zeichen des Glückes, sondern auch Sinnbild der Wiedergeburt des Lebens. Die Beispiele für erfolgreiche Überlebenskünste ließen sich um einige Hunderttausende vermehren, doch wer hat sie je ergründet? So manches Geheimnisvolle werden wir Menschen unseren gliederfüßigen Panzerträgern noch entlocken; bleiben wir uns aber stets bewußt, daß als Folge jeder Offenbarung neue Unergründlichkeiten sich unserem Geist eröffnen. Nur wer das Staunen noch nicht verlernt hat, wird Freude an der Entdeckung von Neuartigem haben. Auch das kann uns der Blick auf die erfindungsreichen, aber traditionsbewußten Käfer lehren.

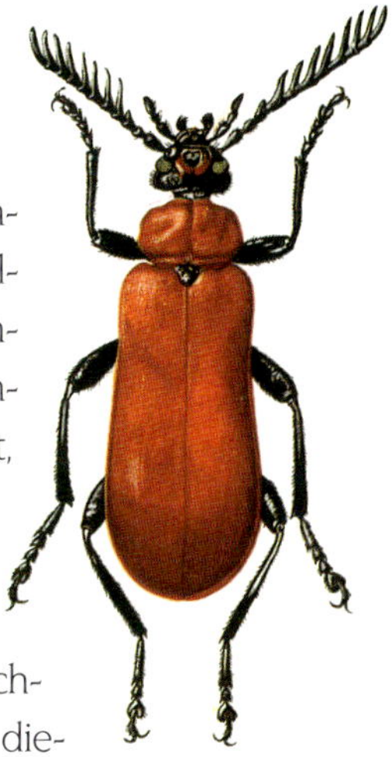

PURPURBOCK

Purpuricenus kaehleri L.

Familie: Cerambycidae, Bockkäfer

Gemeinsam mit der lichthungrigen Sonnenanbeterin hat sich der Purpurbock als Reliktform auf wenige warme Standorte Mitteleuropas zurückgezogen. Der in sattem Farbton prangende Bockkäfer scheint so recht erst im südlichen Europa heimisch zu sein. Nicht hartes Eichenholz oder gar nordisch-kühle Kiefer bietet er seinen Larven zum Fraß, er beschenkt die Nachkommenschaft mit duftenden Hölzern von Pfirsich, Aprikose, Pflaume und Kirsche.

Von wenig einheitlicher Farbtracht, verändert der Purpurbock je nach den Anforderungen seines Lebensraumes die Formen und Kontraste seiner Flügelzeichnungen.

MOSCHUSBOCK

Aromia moschata L.

Familie: Cerambycidae, Bockkäfer

Wie alle Bockkäfer, so trägt auch der Moschus- oder Bisambock die weit ausladend geschwungenen Fühlhörner, die als Tast- und Riechorgane wirken. Der in überaus prächtigem, vielfarbigem metallischem Glanz prunkende Käfer hat seinen Lebenslauf mit dem der Kopfweiden aufs innigste verbunden. Seine Larven durchfressen den Baum während mehrerer Jahre, das nimmt die schnell- und leichtwüchsige Weide jedoch nicht allzu übel. Selbst sein auch für menschliche Nasen wahrnehmbarer Moschusduft entsteht durch chemischen Umbau des säurehaltigen Pflanzensaftes. Die gleißend-schmucken Kafergesellen verteidigen sich höchst wirkungsvoll durch das Verspritzen einer brennend-ätzenden Flüssigkeit.

Großmann

GROSSER MISTKÄFER, ROSSKÄFER

Geotrupes stercorarius L.

FRÜHLINGS-MISTKÄFER

Geotrupes vernalis L.

Familie: Scarabaeidae, Blatthornkäfer

Ihre unserem Empfinden nach keineswegs ansprechende Lebensweise teilen die Mistkäfer mit den Aaskäfern, die ähnliche Gewohnheiten haben. Müllabfuhr und Gesundheitspolizei in einem, beseitigten sie emsig und in aller Stille die Hinterlassenschaften vorzugsweise von Säugetieren. Sie scheuen sich aber auch nicht, am hellichten Tage ihrer Freßlust an kleinen tierlichen Leichen oder moderfaulen Pflanzenteilen zu frönen.
Erklärt der Name „Roßkäfer" hinlänglich die Vorzugsnahrung dieses auffallenden Käfers, so trägt der sich an Hasen- und Schafslosung labende Frühlings-Mistkäfer seinen Namen zu Unrecht, denn sein Erscheinen ist keineswegs nur auf den Frühling beschränkt. Beide Formen stillen ihren Durst überdies am gärenden Saft blutender Bäume oder an feucht-flüssiger Verwesungssubstanz hinfälliger Pilze und faulendem Obst.

FELDSANDLÄUFER

Cicindela campestris L.

WALDSANDLÄUFER

Cicindela silvatica L.

Familie: Cicindelidae, Sandlaufkäfer

Fliegengleich huschen und hüpfen diese gewaltigen Räuber über sonnig-trockene Sandflächen von Heiden und Wäldern. Mit spitzdornigen Kiefern bewehrt, leichtfüßig auf hohen, Klauen tragenden Gliederbeinen, trachten die hurtigen Räuber mancher Mücke und Fliege nach dem Leben. Merkwürdig sind auch die in streichholzlangen, senkrechten Röhren lebenden Raublarven. Bei Bodenerschütterungen rutschen sie blitzschnell auf den Boden ihrer Behausung hinab; ansonsten lauern sie versteckt unterhalb der Mündung ihrer Erdlöcher auf ahnungslos vorbeiziehende Beute. Der Gefangene wird im Innern des Schachtes enthauptet und im Anschluß daran ausgesaugt.

DICKBEINIGER SCHILFKÄFER

Donacia crassipes FBR.

Haemonia equiseti L.

Familie: Chrysomelidae, Blattkäfer

Wanderern mit wachen Sinnen und scharfen Augen werden im Hochsommer die prächtigen, in goldgrünen und bronzenen Metallfarben funkelnden Schilf- oder Rohrkäfer am Ufersaum von sumpfigen Seen und verkrauteten Bächen nicht entgehen. Wir finden sie an den Blattellern der Seerosen ebenso wie auf den dickfleischigen Stengeln des Rohrkolbens oder den biegsamen Halmen der Rietgräser. Auch Laichkräuter, Froschlöffel, Pfeilkraut und Igelkolben werden in Besitz genommen.

Allesamt sind sie ausgesprochene Sonnenkinder, die in lebhaftem Flug ihr kurzes Leben genießen. Solche, die ein dauerhaftes Unter-Wasser-Leben bevorzugen, nehmen ihre Atemluft unmittelbar von den untergetaucht wachsenden Wasserpflanzen auf, indem sie mit feinen Fühlern die noch feineren, aus grünem Blattgrund austretenden Sauerstoffperlen pflücken, um sie anschließend zur Weiterleitung in ihr Atemwegesystem im zarten Pelzwerk der Körperoberfläche zu verstreichen.

SCHWARZER IGELKÄFER

Hispella atra L.

Familie: Chrysomelidae, Blattkäfer

Wer kann schon durch einfaches Kopfnicken sich zirpend vernehmbar machen? Der gut stecknadelkopfgroße Schwarze Igelkäfer ist Meister dieser seltenen Kunst. Zurückhaltend leise streicht der zackig gekerbte Rand des Halsschildchens über feine, saitengleiche Leisten am Scheitel des Kopfes. Über und über in wohlgeordneten Reihen mit langen Igelstacheln besetzt, weiß niemand so recht, welchem Feind der schwarze Winzling wohl trotzen mag. Warzenbedeckt durchhöhlen die kleinen Raupen Stengel- und Blattscheiden des Rispengrases, wo sie sich häufig verpuppen; nach dieser Zeit des Um- und Neubaus zum vollwertigen Insekt turnen die Käferzwerge an Halmen und Stengeln im Windschutz grünender Gräser.

ZWEIPUNKT-MARIENKÄFER

Adalia bipunctata L.

Familie: Coccinellidae, Marien-, Kugelkäfer

Auch dieser Sonnenkäfer erinnert uns an eine Eigenschaft, die die genaue Bestimmung eines Marienkäfers auch für den ausgesprochenen Fachmann noch heute schwierig sein läßt: sie alle sind Musterbeispiele für die Veränderlichkeit der Färbung und Zeichnung innerhalb einer einzigen Art. Es gibt nur wenige, dem Kundigen bekannte, unveränderliche Merkmale, die allen gemeinsam sind. Und weil sie einander so ähnlich sind, bilden schwer zu bestimmende Zwischenformen keine Ausnahme. Alle unsere heimischen Marienkäfer sind dieser Eigenschaften wegen den Naturforschern heitere Helfer auf der Suche nach Antworten auf die vieltausendfach gestellte Frage nach Entstehung und Veränderbarkeit von Lebewesen auf unserer Erde.

GOLDSCHMIED

Carabus auratus L.

GEBIRGSGOLDHENNE

Carabus auronitens F.

HEIDELAUFKÄFER

Carabus nitens L.

Familie: Carabidae, Laufkäfer

Sehr selten nur werden wir alle drei Laufkäfer an einem einzigen Wohnort gemeinsam finden. Goldschmied und Goldhenne, beide von weitgehend gleichem Bau, entdecken wir in modrig faulendem Laub und feucht-filzigen Moospolstern der Ebenen und sanft geschwungenen Mittelgebirge, während der weit seltenere und eben nur fingernagelgroße Heidelaufkäfer sandige Böden und Moore bevorzugt. Wie die meisten ihrer Sippe fliehen auch sie das Licht, um ihren Opfern aufzulauern, denen sie mit ihren mächtigen Kieferzangen tödliche Wunden zufügen. Den ohnehin Totgeweihten träufeln die Räuber einen Verdauungssaft ins Fleisch, der ihr Innerstes löst, um unseren goldgrünen Gesellen ein mühelos zu schlürfendes Räubermahl zu bereiten.

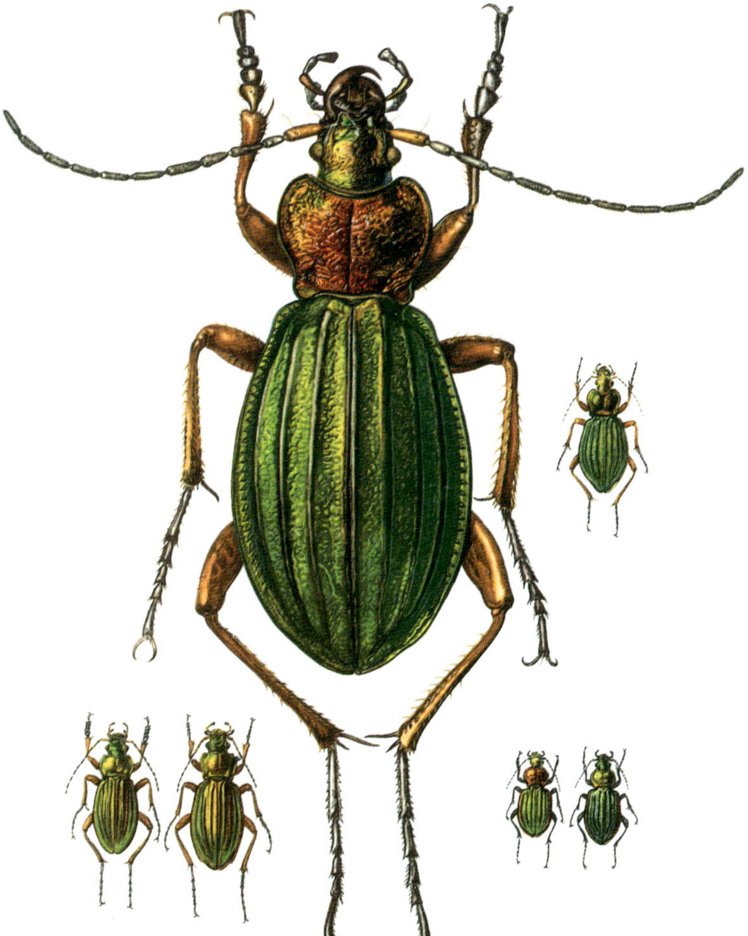

FEUER-, KARDINALKÄFER

Pyrochroa coccinea L.

Familie: Pyrochroidae, Feuerkäfer

EINHORNKÄFER

Notoxus monoceros L.

Familie: Anthicidae, Blumenkäfer

Sonnendurchwärmte Waldlichtungen sind Heimat des Feuer- oder Kardinalkäfers. Hier inmitten der blütengewebten Blumenteppiche erscheint auf den hellen Schirmen der Doldenblütler seine blutrot getupfte Gestalt. Die anmutigen, friedfertigen Käfer verraten nichts von ihrer grausigen Larvenvergangenheit, in der sie so manches Blutbad unter den rindenbrütenden Insekten angerichtet haben mögen.

Das Einhorn unter den Käfern liebt ebenfalls sommerliche Blütenpracht, wenngleich es offenbar auch Gefallen an dem nach Verwesung duftenden, tierlichen Leichenschmaus haben soll.

KARTOFFELKÄFER

Leptinotarsa decemlineata SAY.

Familie: Chrysomelidae, Blattkäfer

Erst im Jahre 1824 wurde dieser Wüstling unter den Käfern von einem amerikanischen Forscher in den Rocky Mountains des nordamerikanischen Staates Colorado gefunden und erstmals wissenschaftlich beschrieben. Nach diesem seinem Herkunftsgebiet trug er den mittlerweile vergessenen Namen Kolorado-Käfer. Ursprünglich keineswegs von Kartoffelblättern lebend, ernährte sich dieser erbsengroße, pyjamagestreifte Unhold von anderen Nachtschattengewächsen als der Kartoffel. Erst rund 30 Jahre nach seiner Entdeckung wurden Kartoffeln in seinem Heimatland vermehrt angebaut, so daß der Käfer und seine rotbraunen Larven eine weitere Futterpflanze vorfanden, mit deren weltweitem Siegeszug die gleichzeitige Verbreitung des Schädlings besiegelt war.

NASHORNKÄFER

Oryctes nasicornis L.

Familie: Scarabaeidae, Blatthornkäfer

Der rauhe Geselle darf nicht nur als einer der größten unseres heimischen Käfervolkes gelten, gewiß zählt er in seinem wulstig aufgebogenem Nackenschild und seinem stattlichen, zum Rücken hin geschwungenen Horn zu den herausragendsten Käfergestalten. Keineswegs selten oder scheu, bewohnt er fast ausschließlich den modernden Mulm alter Eichen. Hier legt er seine Eier, hier wächst und reift oft über mehrere Jahre die nicht weniger stattliche Raupe. Der Nasenaufsatz ziert ausschließlich das männliche Geschlecht, scheint aber in den intimeren Käferbeziehungen kaum von besonderer Bedeutung zu sein, denn auch mit hornlosen Männchen lassen sich's die Weibchen wohl sein.

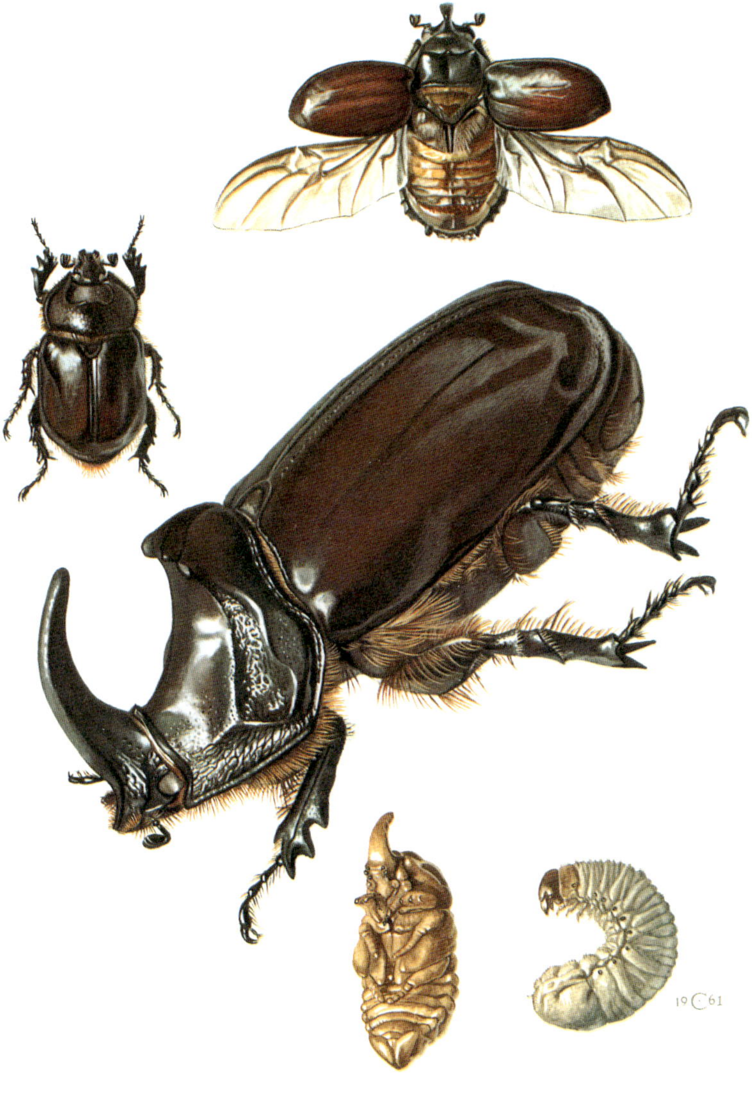
19 C 61

GRÜNER SCHILDKÄFER

Cassida viridis L.

NEBLIGER SCHILDKÄFER

Cassida nebulosa L.

Familie: Chrysomelidae, Blattkäfer

Wie nahezu alle Schildkäfer der hier vorgestellten Gattung Cassida tragen sie ihr Innerstes von mächtigen Panzerplatten bedeckt, deren Einzelteile sich aus den breit gewölbten Flügeldecken und dem flachwuchtigen Halsschild zusammenfügen. Diese platt-plumpen Geschöpfe von meist grün funkelndem Schimmer naschen vorzugsweise an Blättern und Blüten von Korbblütlern, an denen auch ihre absonderlichen Larven zu finden sind. Sie sind gleich ihren Eltern flachgedrückt, jedoch mehr eiförmig gerundet. Zwei lange, stachelbewehrte Schwanzborsten, die in gekrümmter Haltung über dem Rücken getragen werden, deuten auf stete Abwehrbereitschaft.

19 C 55

GRÜNER FALLKÄFER

Cryptocephalus sericeus L.

Chrysochloa gloriosa F.

Chrysochloa speciosissima SCOP.

Familie: Chrysomelidae, Blattkäfer

Die in warmen Gold- und Bronzetönen schillernden Fallkäfer sind wahre Meister der Verstellungskünste. Verstecken die meisten von ihnen schon ihren Kopf unter einem mächtigen Halsschild, so lassen sie sich bei der geringsten Belästigung, in scheinbarem Schocktod erstarrt, von Gräsern und Blüten in die Tiefe fallen. Die schildkrötengleich unter ihren Panzer eingezogenen Beinchen und Fühler ertasten ihre Umgebung erst wieder nach vollständiger Bereinigung der Schreckenslage. Die ungewöhnlich kurze Entwicklungsdauer ihrer Larven ist sicher eine Anpassung an die nur wenige Wochen andauernden Sommer der höheren und mittleren Gebirge Europas.

19©96

HIRSCHKÄFER

Lucanus cervus L.

Familie: Lucanidae, Hirschkäfer, Schröter

Rund ein halbes Jahrzehnt verbringen die engerlinggroßen, bleichen Larven im lockeren Mulm an modrigen Eichen, bis nach einem kurzen, befreienden Puppenstadium der prachtvollste Vertreter unserer Käferfauna die Turnierplätze des Waldbodens besetzt. Da die schmaleren Weibchen deutlich in der Minderzahl sind, entbrennen um deren Besitz die heftigsten Kampfesrituale der Geweih tragenden Männchen. Jedoch geht es nicht immer um die Gunst der Weibchen, ebenso häufig entscheidet der waffenklappernde Kampf um den Besitz der ergiebigeren Futtergründe. Ganz und gar gesittet aber sucht der Feinschmecker unter den Riesenkäfern „Insektenkneipen" auf, um sich mit Hilfe seiner pinselförmigen Sauglippe am gärenden Saftfluß verwundeter Bäume gütlich zu tun.

Großmann

LINDEN-PRACHTKÄFER

Lampra rutilans F.

Buprestis octoguttata L.

Familie: Buprestidae, Prachtkäfer

Die weitaus meisten und auch wohl schönsten Formen dieser sehr umfangreichen Käferfamilie bevölkern die Tropen. Zwar ist ihre Artenzahl in den gemäßigt kühlen Breiten der Erde um ein Vielfaches geringer, doch dürfte der Linden-Prachtkäfer wohl einer der schönsten Käfer des westlichen Europa sein. Ihren unnachahmlichen Glanz verdanken die Tiere den höchst eigenartig Licht reflektierenden Besonderheiten des Panzers. Wer je versucht hat, den Linden-Prachtkäfer von Blättern und Rinde zu pflücken, wird betroffen festgestellt haben, daß die leuchtenden Krabbeltiere noch in jähem Absturz unverhofft ihre Flügel ausbreiten, um dergestalt Haken schlagend ihren Verfolgern zu entkommen.

19©55

BIENENWOLF, IMMENKÄFER

Trichodes apiarius L.

AMEISENARTIGER BUNTKÄFER

Thanasimus formicarius L.

Familie: Buntkäfer

GELBLICHER SOLDATENKÄFER

Cantharis fusca L.

Familie: Soldatenkäfer

Ganz und gar nicht im Harnisch erscheinen uns die Soldaten- oder Fliegenkäfer, tragen sie doch keinen harten Panzer, sondern eher ein weichhäutiges Mäntelchen aus Chitin. Als unermüdliche Blattlausjäger helfen sie uns Menschen im Kampf gegen Schädlinge unserer Gärten.

Der Ameisenartige Buntkäfer jagt als lebhafter Räuber zur Flugzeit der Borkenkäfer in den Nadelwäldern mit schier ameisenhaftiger Geschwindigkeit den großen Schädlingen unserer Kiefern- und Fichtenwälder nach. Auch seine rosarote Larve pirscht sich in den Fraßgängen der Borkenkäfernachkommenschaft mit großem Appetit an die fette Larvenbeute heran.

Vom bunt schillernden Bienenwolf vergreifen sich lediglich die Larven an der Brut wilder, aber auch vom Menschen gezüchteter Nutzbienen, werden aber im allgemeinen einer gesunden Stockgemeinschaft nicht gefährlich.

TAUMELKÄFER

Gyrinus substriatus STEPH.

Familie: Gyrinidae, Taumelkäfer

Meist in Gesellschaft von ihresgleichen flitzen sie in wirren Spiralen und Kurven über die sonnendurchtränkte Wasseroberfläche, auf der Suche nach staubfeinem Anflug, der ihnen zur Nahrung dient. Auffällig sind die kurzen Flügeldecken, die die Spitze des Hinterleibes sichtbar werden lassen und unter denen ein Luftpolster dafür sorgt, daß ihnen der Tod durch Ertrinken unbekannt sein muß. Mit dem überlangen, feingliedrigen Vorderbeinpaar umklammern sie ihre Beute, die beiden nachfolgenden, stark verkürzten Beinpaare entwickelten sich borstengesäumt zu flachen Rudern, mit deren Hilfe sie die Wasseroberfläche durchfurchen.

An ein Wunder aber grenzt der Bau ihrer zweigeteilten Augen, aus deren Mitte die Fühler entspringen; so ausgestattet, vermag der lebhafte Ruderer mit dem oberen Teil die Vorgänge im Luftraum zu verfolgen, mit dem wasserwärts gerichteten Augenteil jedoch gleichzeitig den Gesichtskreis in dem unter ihm liegenden nassen Element auszuloten.

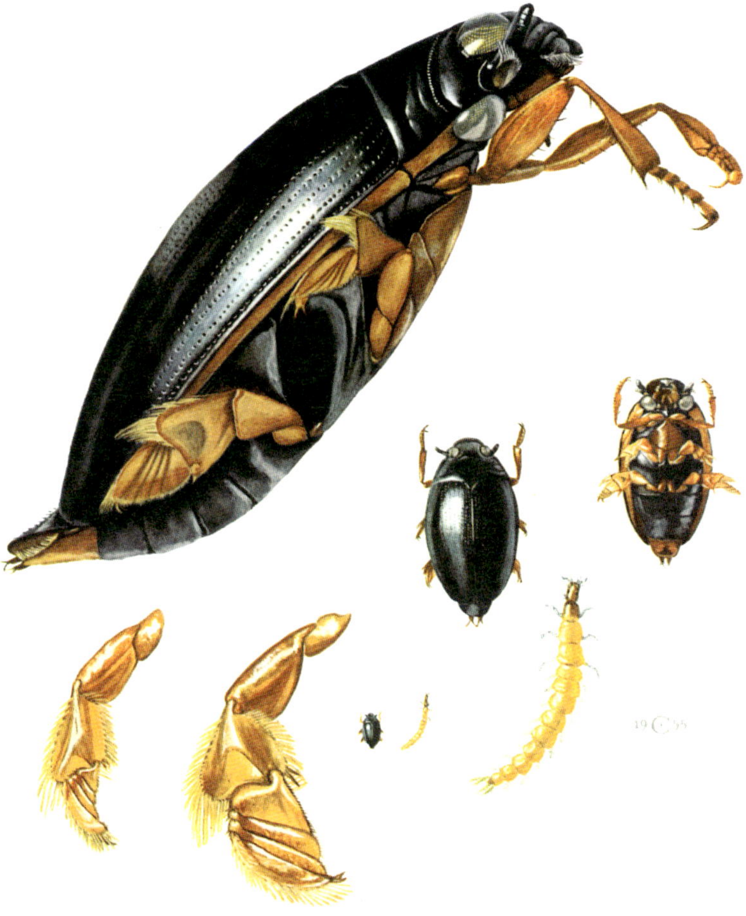

BUNTER PILZKURZFLÜGLER

Bolitobius lunulatus L.

Familie: Staphylinidae, Kurzflügler

Nicht ohne weiteres wird man diese zwar bunten, aber sehr kleinen Insektengestalten der großen Ordnung der Käfer zusprechen können. Der größte Teil der Kurzflügler erscheint in unauffälligen Grautönen und wenigen Zeichnungsmerkmalen. Nur der hier abgebildete Bunte Pilzkurzflügler macht seinem Namen alle Ehre. Die kurzen Flügeldecken und der lange, walzenförmige ausgezogene Leib lassen nicht ohne genaueres Hinsehen den Käfer erkennen. Sie bevorzugen als Kost faulende Pflanzenstoffe sowie verwesendes Aas und verschmähen auch Pilze und würzig abgelagerte Kotrückstände nicht. Blüten und Pollen lebender Pflanzen sind Beikost für sie, während sie nur in seltenen Fällen auch auf Raub nach kleineren Kerfen ausziehen.

19 C 54

SPARGELHÄHNCHEN

Crioceris asparagi L.

ZWÖLFPUNKT-SPARGELHÄHNCHEN

Crioceris duodecimpunctata L.

LILIENHÄHNCHEN

Lilioceris lilii SCOP.

Familie: Chrysomelidae, Blattkäfer

Unsere Hähnchen sind allesamt Winzlinge – selbst noch kleiner als ihre eigenen Larven. Sie verbeißen sich ab Mai an sämtlichen Teilen der Spargelpflanzen, wobei sie freilich den aufgeblasenen Putz eines gröhlenden Gockelhahnes vermeiden.
Das einfarbig-zierliche Lilienhähnchen fühlt sich dagegen stärker vom fein betörenden Duft der toten Blumen angezogen. Die Larven der Hähnchen lieben ihren eigenen Kot so sehr, daß sie ihn mit körpereigenem Schleim, gleich einer Hülle, an sich selbst festkleben, wozu eigens der After auf das Rückenende verlegt wurde. Den Feinfühligen wird es darob schaudern, zur Tarnung dagegen wirkt es gut genug.

PINSELKÄFER

Trichius fasciatus L.

Hoplia farinosa L.

Familie: Scarabaeidae, Blatthornkäfer

Den hübschen Trichiern oder Pinselkäfern fehlen die Auswuchtungen am Außenrande der Flügeldecken, sie müssen daher in kennzeichnender Weise die starren Deckflügel während des Fliegens steil in die Höhe stellen. Sie sind Vertreter der artenreichen Gruppe der Laubkäfer, deren Verbreitungsschwerpunkt allerdings in den Tropen liegt. Der plüschweich mit zottig-gelblichen Haaren bewachsene Pinselkäfer nährt sich von wohlschmeckenden Blüten der sommerlichen Wiesenblumen. Sein Vetter, der „Mehlbestäubte" Pinselkäfer, zeigt ein staubfeines Gewand mit gold- und grünfarbigen Schillerschuppen. In seiner Lebensweise gleicht er dem gewöhnlichen „Gebänderten Pinselkäfer".

SIEBENPUNKT-MARIENKÄFER

Coccinella 7-punctata L.

VIERZEHNPUNKT-MARIENKÄFER

Coccinella 14-pustulata L.

ZWEIUNDZWANZIGPUNKT-MARIENKÄFER

Thea 22-punctata L.

Familie: Coccinellidae, Marien-, Kugelkäfer

Daß das christliche Vorstellungsbild selbst vor Käfern nicht haltmachte, lassen die volkstümlichen Namen des neben dem Maikäfer wohl bekanntesten und beliebtesten Käfers unserer Heimat erkennen: Herrgottskäferl und Muttergottesschäfchen sind nur die hübschesten; aber auch weit weltlichere Namen verleihen dem Siebenpunkt als Glücksbringer Verehrung und Ansehen: Sonnenkälbchen, Sonnenkäfer oder Marienwürmchen sind wenige Beispiele hierfür.

Zur Herbstzeit, während sich die kleinen und kleinsten Wesen auf die lang währende winterliche Ruhezeit einstellen und ein jedes bestrebt ist, sein bestmögliches Schlafplätzchen aufzusuchen, erinnern uns die unverändert lebhaft fliegenden und krabbelnden Marienkäfer an die Zeiten vergangener Sommerpracht und weisen als freundlichstumme Boten auf das Kommen einer lebendigeren, lichteren Zukunft.

MAUSGRAUER SCHNELLKÄFER

Lacon murinus L.

BLUTROTER SCHNELLKÄFER

Elater sanguineus L.

KAMMFÜHLIGER SCHNELLKÄFER

Corymbites pectinicornis L.

Familie: Elateridae, Schnellkäfer

Ihr Name „Schnellkäfer" verweist keineswegs auf eine Gruppe schnellfüßiger Läufer, vielmehr überraschen sie uns als unübertroffene Akrobaten, deren Kunst darin besteht, nach einem Fall auf den Boden ruckartig emporzuschnellen, um nach höchst eleganter Drehung mit allen sechs Beinen in ordnungsgemäßer Lage auf der Unterlage zu landen. Es läßt sich denken, daß diesem höchst verwickelten Vorgang eine ganze Reihe von bis heute nicht restlos aufgeklärten, körperbaulichen und Verhaltensbesonderheiten zugrunde liegen. „Schmiede" werden sie auch genannt nach den unter tickenden Geräuschen auf- und niederschlagenden und drehenden Bewegungen des Kopfes, die wohl im Dienst der Partnerfindung stehen mögen.

MAIKÄFER

Melolontha vulgaris L.

WALDMAIKÄFER, ROSSKASTANIEN-MAIKÄFER

Melolontha hippocastani F.

Familie: Scarabaeidae, Blatthornkäfer

Sein Bekanntheits- und Beliebtheitsgrad auch bei naturfernen Kindern und Stadtmenschen steht in auffallendem Gegensatz zu den Millionen verschlingenden Vernichtungsfeldzügen gegen einen der mächtigsten Schädlinge der Landwirtschaft. Bis zu einem Arm tief in lockerem Boden verbringen die Larven als Engerlinge für rund 4 Jahre ihr gefräßiges Leben und richten bereits in diesem Entwicklungsstadium unübersehbaren Schaden am Wurzelwerk der Wälder, Wiesen und Weiden an. Haben die flugfähigen Käfer ihre Atemgefäße und glasklaren Hinterflügel aufgepumpt und schikken sich an, in Massenflügen über Kulturland und Laubwälder Europas einzufliegen, so bleibt nur noch der gezielt-grobe Gegenschlag des um seine Existenzgrundlagen fürchtenden Menschen. Natürliche Feinde sind ihnen eine Vielzahl von Säugetieren und Vögeln, auch parasitieren manche Fliegenarten die Larven.

GESCHWEIFTSTREIFIGER KOHLERDFLOH

Phyllotreta undulata KUTSCH.

„FALSCHER" KOHLERDFLOH

Haltica oleracea L.

Familie: Chrysomelidae, Blattkäfer

Mit den beißenden Plagegeistern einer gänzlich anderen Insektenordnung haben die hier abgebildeten Erdflöhe natürlich nur wenig gemeinsam. Die übel berüchtigten, streichholzkopfgroßen Winzlinge vermögen dank ihrer kräftigen, muskelbepackten Hinterbeine ein Vielfaches ihrer eigenen Körperlänge zu überspringen. Das aber ist auch schon das einzige, was sie mit den echten Flöhen gemeinsam haben. Nirgends auf unserer Erde fehlen diese Plagegeister, die häufig als Vollkerf den Winter überstehen und daher bereits im Frühjahr als keimblattverzehrende Zerstörer ihr Unwesen beginnen. Wird es in wenigen Wochen wärmer, so tun sich die nur knapp unter der Erdoberfläche wachsenden Larven an Wurzeln und Neuaustrieben gütlich. Wo diese Erd- oder Blattflöhe in Massen auftreten, wird kaum ein Kohlkopf den Gaumen seines Züchters erfreuen.

Großmann

ALPENBOCK

Rosalia alpina L.

Familie: Cerambycidae, Bockkäfer

Feine graublaue Haare verleihen dem fingergliedlangen Alpenbock sein mitunter fast himmelblaues, prächtiges Aussehen. Über das gesamte Europa verbreitet, tritt er doch nur äußerst lückenhaft in Erscheinung. Sein bevorzugter Aufenthalt sind uralte Rotbuchenwälder, wo er selbst und seine Larven im mulmig-bröseligen Holz alter, sterbender Baumriesen leben. Nur selten finden wir ihn an Hainbuchen, Eschen oder Obstgehölzen. Jedes Glied der körperlangen, bogigen Fühler ist an seinem Grunde mit einem umlaufenden Büschel dunkler, weicher Haare verziert. Viele Jahre verbringt der Alpenbock in seiner Kinderstube als Larve, bevor die schützenswerten Böcke ihr geflügeltes Leben beginnen.

GROSSER PUPPENRÄUBER, RAUPENJÄGER

Calosoma sycophanta L.

KLEINER PUPPENRÄUBER

Calosoma inqisitor L.

Familie: Carabidae, Laufkäfer

„Schönleib", so lautet die Übersetzung des wissenschaftlichen Gattungsnamens Calosoma, und in der Tat vermögen diese in allen nur denkbaren Farben glänzenden Laufkäfer das Herz des Käferfreundes zu gewinnen. Gleich vielen anderen Schönheiten verlieren die älter werdenden Puppenräuber an leuchtenden Farben, um im hohen Alter von rund einem halben Jahrzehnt in grauen bis schwarzen Tönen zu verblassen.

Der Große Puppenräuber findet sich wie von selbst dort ein, wo ein Massenauftreten bestimmter Schmetterlingsraupen zu schweren Schädigungen vor allem der Nadelwälder führen muß. In erster Linie sucht und findet er seine Beutetiere mit Hilfe des außerordentlich fein entwickelten Geruchssinnes, und das nicht minder gut ausgeprägte Flugvermögen verhilft ihm, auch weite Strecken zu überwinden. Als trefflicher Kletterer verfolgt er seine Raupenopfer bis hoch in die Wipfel ihrer Fraßbäume. Mit eisenhartem Zangengriff umklammert er sein Opfer, um nur die schmackhaftesten Teile von ihm zu verzehren.